昆虫のクイズ図鑑 もくじ

昆虫いろいろ

クイズ 1 ● カマキリがかくれているよ。どこにいるかな？ 6

クイズ 2 ● 昆虫の種類はどれくらい？ 10

チョウのなかま

クイズ 3 ● 昆虫のあしのつき方で正しいのは？ 14

クイズ 4 ● チョウの口はどれ？ 15

クイズ 5 ● チョウのなかまのうち、がはどれくらい？ 18

クイズ 6 ● チョウはどのように育つ？ 19

クイズ 7 ● 日本でいちばん大きなががはどれ？ 22

クイズ 8 ● アゲハチョウの幼虫は、どうやって身を守る？ 26

クイズ 9 ● クロシジミの幼虫は、どのように育つ？ 27

クイズ 10 ● アゲハの幼虫の目はどこにある？ 30

クイズ 11 ● チョウの幼虫のあしは何本？ 30

クイズ 12 ● ナミアゲハの幼虫が食べないのは？ 31

クイズ 13 ● モンシロチョウが生まれてはじめて食べるのは？ 31

クイズ 14 ● チョウはみつを吸う花をどうやって見つける？ 34

クイズ 15 ● キタテハのはねの色は、何によって変わる？ 35

クイズ 16 ● モンシロチョウの目には何が見える？ 35

クイズ 17 ● ナガサキアゲハが北にすむようになった理由として考えられるのは？ 38

クイズ 18 ● 本州から中国南部まで飛ぶことのあるチョウは？ 39

クイズ 19 ● オオゴマダラのおすは、どうやってめすをさそう？ 42

クイズ 20 ● はねのもようにはどんな効果がある？ 43

クイズ 21 ● この虫は何とよばれる？ 46

クイズ 22 ● ミドリシジミのなかまは"ゼフィルス"とよばれますが、その由来は？ 47

クイズ 23 ● レテノールモルフォの本当の色は何色？ 47

カブトムシのなかま

クイズ 24 ● コウチュウのなかまは、世界にどれくらいいる？ 50

クイズ 25 ● コウチュウのなかまはどれ？ 54

もくじ

クイズ 26 ● コウチュウのかたい前ばねは、何の役に立つ？ ……… 55

クイズ 27 ● カブトムシのつのは、何に使う？ …… 58

クイズ 28 ● カブトムシとクワガタムシの成虫が食べるのは？ … 62

クイズ 29 ● これはだれのあし？ … 66

クイズ 30 ● カブトムシの成虫が好きな食べ物は？ … 67

クイズ 31 ● カブトムシが息をするあなはどこにある？ … 67

クイズ 32 ● クワガタムシの幼虫はどこにいる？ … 70

クイズ 33 ● チビクワガタの変わったくらし方とは？ … 71

クイズ 34 ● フンコロガシがふんを転がすのはなぜ？ … 74

クイズ 35 ● からだの長さが日本最大のコウチュウはどれ？ … 75

クイズ 36 ● オトシブミは葉を巻いて何をつくっている？ … 78

クイズ 37 ● ゲンゴロウはどうやって水中で息をしている？ … 82

クイズ 38 ● ホタルが光るのはなぜ？ … 83

クイズ 39 ● マイマイカブリは何を食べる？ … 86

クイズ 40 ● ハンミョウの幼虫は、どうやってえものをつかまえる？ … 87

クイズ 41 ● ナナホシテントウが黄色い液を出すのはなぜ？ … 90

クイズ 42 ● これはゾウムシの何？ … 91

クイズ 43 ● コメツキムシの得意わざは？ … 94

クイズ 44 ● ジンガサハムシのさなぎは何を背負っている？ … 95

クイズ 45 ● クワガタムシの「クワガタ」とは、何のこと？ … 98

クイズ 46 ● ハンミョウは別名、何とよばれる？ … 98

クイズ 47 ● 「天牛」とは、どの昆虫のこと？ … 99

クイズ 48 ● カミキリムシの「カミ」とは、何のこと？ … 99

ハチなどのなかま

クイズ 49 ● この中で、ハチはどれ？ ……… 102

クイズ 50 ● ニホンミツバチは、オオスズメバチにおそわれたときどうする？ … 106

クイズ 51 ● ミツバチの中で、はりをもっているのは？ … 110

クイズ 52 ● スズメバチの成虫は、どのようにしてえさを食べる？ … 111

クイズ 53 ● ミツバチは、えさの場所をなかまにどうやって伝える？ … 114

3

クイズ54 ● ベッコウクモバチのなかまは幼虫のために何をつかまえる？ ……115

クイズ55 ● ハチの幼虫はどれ？ ……118

クイズ56 ● キムネクマバチは、どこに巣をつくる？ ……119

クイズ57 ● 集団でくらすミツバチ。1ぴきの女王バチに対して、働きバチはどれくらいいる？ ……122

クイズ58 ● 次の中で、アリはどれ？ ……123

クイズ59 ● たまごを産むアリのことを何という？ ……126

クイズ60 ● 働きアリがやらないのはどれ？ ……126

クイズ61 ● 働きアリはどんなときにアリの巣をつくる？ ……127

クイズ62 ● アリの巣で、本当にある部屋は？ ……130

クイズ63 ● おすアリはどんな仕事をする？ ……131

クイズ64 ● アリはどうやってなかまを見分ける？ ……134

クイズ65 ● アリとアブラムシの関係で正しいのは？ ……135

クイズ66 ● ウスバカゲロウの幼虫は何とよばれる？ ……138

クイズ67 ● ウスバカゲロウの幼虫はどうやってえものをつかまえる？ ……139

クイズ68 ● オドリバエはどうやってプロポーズする？ ……142

クイズ69 ● 「カ」は何によってくる？ ……143

その他の昆虫

クイズ70 ● トンボの目はどうなっている？ ……146

クイズ71 ● トンボの幼虫は、どうやって敵から逃げる？ ……150

クイズ72 ● トンボの幼虫は、どうやってえものをつかまえる？ ……151

クイズ73 ● セスジイトトンボのたまごの産み方は？ ……151

クイズ74 ● セミの鳴く理由でまちがっているのは？ ……154

クイズ75 ● セミの幼虫の食べ物は？ ……155

クイズ76 ● だれの鳴き声？ ……158

クイズ77 ● カメムシの得意わざは？ ……158

クイズ78 ● タガメのめすは、たまごを見つけると何をする？ ……159

クイズ79 ● アメンボが水にうくひみつは？ ……162

クイズ80 ● オオアメンボのおすはどうやってめすをよぶ？ ……163

クイズ81 ● ミズカマキリは何のなかま？ ……166

クイズ82 ● タイコウチは水の中でどうやって息をする？ ……167

クイズ83 ● アワフキムシが、からだからあわを出すのはどうして？ ……170

もくじ

クイズ84 ● この中で、バッタがならないのは？ ……………………… 171
クイズ85 ● コオロギはどうやって鳴く？ ……………………………… 174
クイズ86 ● スズムシの耳はどこにある？ ……………………………… 175
クイズ87 ● コオロギのおすとめすのちがいは？ …………………… 178
クイズ88 ● バッタにあるものはどれ？ ………………………………… 178
クイズ89 ● おすよりめすの方が大きいのはどれ？ ………………… 179
クイズ90 ● カマキリのいかくのポーズはどれ？ ……………………… 182
クイズ91 ● 何のたまご？ ………………………………………………… 183
クイズ92 ●「生きている化石」といわれているのはどれ？ ………… 186
クイズ93 ● ゴキブリは昔、何とよばれていた？ ……………………… 186
クイズ94 ● カワゲラの幼虫はどこにすんでいる？ ………………… 187
クイズ95 ● これは何？ …………………………………………………… 187

昆虫以外の虫
クイズ96 ● 次のうち、昆虫はどれ？ ………………………………… 190
クイズ97 ● このクモは、どうやってえものをつかまえる？ ……… 194
クイズ98 ● このクモの得意わざは？ …………………………………… 194
クイズ99 ● ダンゴムシの赤ちゃんは何色？ ………………………… 195
クイズ100 ● ムカデを漢字で書くと？ ………………………………… 195

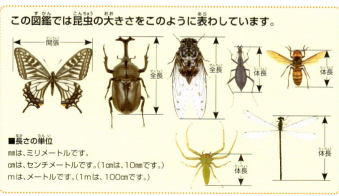

この図鑑では昆虫の大きさをこのように表わしています。

■長さの単位
mmは、ミリメートルです。
cmは、センチメートルです。(1cmは、10mmです。)
mは、メートルです。(1mは、100cmです。)

昆虫のクイズ図鑑

クイズ1 カマキリがかくれているよ。

どこにいるかな？

カマキリの幼虫は ❶〜❸ の
どこにかくれているでしょう？

ハナカマキリの幼虫が
かくれているよ

昆虫のクイズ図鑑

クイズ1 答え ❸ ランの花にそっくり！

ハナカマキリの幼虫は、体のかたちや色がランの花にそっくりです。ランの花とまちがえてやってきた昆虫をつかまえて食べます。

ハナカマキリ

うまくかくれているね

昆虫いろいろ

世界中には、いろいろなすがた、かたちをした昆虫がたくさんいます。すむ場所やくらし方などに合ったからだをしているのです。

コノハムシは、木の葉にそっくりなすがたをしています。すむ場所にとけこんでいます。

マレーシアにすむコノハムシだよ。どこにいるのかわかるかな？

ここにいます。

昆虫のクイズ図鑑

クイズ2 昆虫の種類はどれくらい？

地球上のすべての生き物の種類のうち、半分以上が昆虫だといわれています。昆虫はいったい何種類くらいいるでしょう？

チョウのなかま

カブトムシのなかま

ハエのなかま

バッタのなかま

昆虫いろいろ

ハチのなかま

カメムシのなかま（セミ）

トンボのなかま

いろいろなかたちをしているね

❶ 1000種類ぐらい
❷ 5万種類ぐらい
❸ 100万種類以上

昆虫のクイズ図鑑

クイズ2 答え ❸ 100万種類以上

昆虫は海の中や、北極、南極などのこおりついたところをのぞいた、いろいろなところにすんでいます。森や林の中だけでなく、川や池の中、草原や土の中にもすんでいます。

チョウ
トンボ
バッタ
ゲンゴロウ
アリ

昆虫のクイズ図鑑

クイズ3 昆虫のあしのつき方で正しいのは？

昆虫の成虫のからだは、あたま、むね、はらの3つに分かれていて、あしが6本あります。あしはどこについているでしょう？

❶ むねに3対

❷ はらに3対

❸ むねに1対、はらに2対

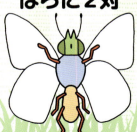

1対というのは、左右に1本ずつという意味だよ

14

クイズ4 チョウの口はどれ?

チョウの食べ物は、花のみつやしるなどです。
チョウの口はどれでしょう?

どれも昆虫の口を大きくしたものだよ

昆虫のクイズ図鑑

クイズ3 答え

❶ 昆虫のあしはむねに3対ついている

昆虫のからだは、あたま、むね、はらに分かれていて、むねのところにあしが6本ついているという特徴があります。

- 触角
- 前ばね
- 口
- あたま
- むね
- はら
- 後ろばね
- あし むねに6本ついている。

昆虫のむねは、さらに前胸、中胸、後胸の3つに分かれていて、それぞれから1対（2本）ずつ、あしが出ています。

16

チョウのなかま

クイズ4 答え

❷ ストローのような モンシロチョウの口

花のみつを吸う口

　チョウの成虫の口は、長くのびるストローのような管になっています。ふだんは丸まっていますが、みつなどを吸うときはのばします。

❶ は、カミキリムシの口

かたい木の皮を、かんであなをあけるカミキリムシのかむ口。

❸ は、カの口

動物の血や植物のしるを吸う、カのさす口。

17

昆虫のクイズ図鑑

クイズ5 チョウのなかまのうち、ガはどれくらい？

チョウとガは、はねやからだが「りんぷん」とよばれるものでおおわれているのが特徴で、同じチョウのなかまです。世界で約20万種類いるうち、ガはどれくらいいるでしょう？

チョウのなかま

ガのなかま

ナミアゲハ
■開張：65～90㎜ ■発生時期：3月～秋 ■分布：日本全土 ■幼虫の食べ物：カラタチなど

カイコガ
■開張：30～45㎜ ■幼虫の食べ物：クワなど ■特徴：まゆから絹糸をとるために飼育される。

❶ がは少しだけ
❷ 半分ぐらいが、ガ
❸ ほとんどが、ガ

どっちの方が多いのかな？

チョウのなかま

クイズ6 チョウはどのように育つ？

チョウのなかまは、たまごからどのように成長していくでしょうか？

モンシロチョウのたまご

モンシロチョウ
■開張：45〜55mm ■発生時期：2月〜秋 ■分布：日本全土 ■幼虫の食べ物：キャベツなど

モンシロチョウの成虫

❶ たまご→成虫

❷ たまご→幼虫→成虫

❸ たまご→幼虫→さなぎ→成虫

クイズ5 答え ③ ほとんどが、ガ

　チョウのなかまのことをチョウ目といいます。実は、チョウ目の90％以上が、ガのなかまです。チョウは、チョウ目のほんの一部にすぎません。

　ガのなかまには、明かりに集まる習性をもつものがいます。これは灯火採集といって、照明のセットをしかけて、明かりに集まる昆虫をおびきよせているところです。ガが多く集まっています。

チョウのなかま

クイズ6 答え ❸ たまご→幼虫→さなぎ→成虫

　キャベツなどに産みつけられたモンシロチョウのたまごは、幼虫からさなぎへと変態（完全変態）して、成虫のチョウになります。

モンシロチョウのたまご

幼虫

さなぎ

成虫 さなぎから羽化してはねがのびると飛びたちます。

クイズ7 日本でいちばん大きなガはどれ?

はねを開いたときの長さが、20～25cmもある大きなガはどれでしょう?

開張

はねを開いた長さを開張というんだ

① オオミズアオ

昆虫のクイズ図鑑

クイズ7 答え ②

ヨナグニサン

ヨナグニサンは、日本では沖縄県の与那国島、西表島、石垣島だけにすんでいる、日本で最大のガです。数がとても少ないため、与那国島では大切に保護されています。

実際はこれよりももっと大きいものもいるんだって！

チョウのなかま

ヨナグニサン
■開張：20〜25㎝ ■発生時期：
5〜6月、8〜9月 ■幼虫の食
べ物：モクタチバナなど

コウモリガ（約7〜9㎝）
オオミズアオ（約10㎝）
ヨナグニサン（約20〜25㎝）

昆虫のクイズ図鑑

クイズ8 アゲハチョウの幼虫は、どうやって身を守る？

飛んで逃げることのできないアゲハチョウの幼虫は、敵がくるとどうやって身を守るのでしょうか？

幼虫はふだん、こんな感じだよ

❶ つのを出す
❷ 敵に向けて糸をはく
❸ 死んだふりをする

チョウのなかま

クイズ9 クロシジミの幼虫は、どのように育つ？

日本にいるシジミチョウのなかまの中でも、クロシジミは変わった育ち方をします。どんなふうに育つでしょう？

幼虫

成虫

クロシジミ
■開張：32〜42㎜　■発生時期：6〜8月
■分布：本州、四国、九州

❶ 自分でえさをとって育つ
❷ 成虫からえさをもらって育つ
❸ アリにえさをもらって育つ

昆虫のクイズ図鑑

クイズ8 答え ① つのを出す

アゲハチョウのなかまの幼虫は、危険を感じるとあたまの後ろからくさいにおいのするつのを出し、敵から身を守ります。

危険を感じると…

昆虫はいろいろな方法で身を守るんだね

つのを出すナミアゲハの幼虫

❸ アリにえさをもらって育つ

クロシジミの幼虫は、はじめはアブラムシのからだから出るあまいみつをなめて育ちます。その後、クロオオアリにアリの巣まで運ばれ、クロオオアリから口うつしでえさをもらって育ちます。クロオオアリの巣の中でさなぎになり、成虫になるときに巣から出ます。

クロオオアリからえさを
もらうクロシジミの幼虫

アリはクロシジミの
幼虫のからだから
出るしるをなめるよ

昆虫のクイズ図鑑

クイズ10 アゲハの幼虫の目はどこにある?

クイズ11 チョウの幼虫のあしは何本?

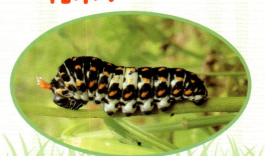

① 0本
② 6本
③ 12本

チョウのなかま

クイズ12 ナミアゲハの幼虫が食べないのは？

❶ リンゴの葉　❷ ミカンの葉　❸ レモンの葉

クイズ13 モンシロチョウが生まれてはじめて食べるのは？

❶ 葉っぱ
❷ 花のみつ
❸ たまごのから

たまごからかえった幼虫がはじめて食べるものだよ

クイズ10 答え

目は ❸ にある

もよう

これが目。左右に6こずつあります。

❶の大きな目のような黒いもようはむねにあり、敵をおどろかせます。

クイズ11 答え

❷ 6本

チョウの幼虫は、いも虫型か毛虫型のすがたをしています。幼虫も成虫と同じであしはむねに6本あります。はらにきゅうばんのようなあしが10本ありますが、むねにあるあしとは形もはたらきもちがいます。これらもあしとして数えると、あしは16本になります。

キアゲハの幼虫

きゅうばんのようなあし10本

あし6本

チョウのなかま

クイズ12 答え ① リンゴの葉は食べない

ナミアゲハの幼虫は、ミカンやレモンの葉などミカン科の植物を食べます。

リンゴはバラ科なので食べません。

チョウの種類によって食べる葉がちがうんだって

クイズ13 答え ③ たまごのから

モンシロチョウの幼虫がたまごからかえってはじめて食べるのは、たまごのからです。たまごのからを食べたあと、キャベツなどの葉を食べます。

たまごのから

昆虫のクイズ図鑑

クイズ14 チョウはみつを吸う花をどうやって見つける?

チョウが花のみつを吸っています。チョウはどうやって花を見つけているのでしょうか?

キアゲハ

① 色
② かたち
③ 音

チョウによってとまる花がちがうよ

チョウのなかま

クイズ15 キタテハのはねの色は、何によって変わる？

キタテハ

❶ 幼虫のときの気温
❷ 幼虫のときの天気
❸ 幼虫のときの季節

クイズ16 モンシロチョウの目には何が見える？

❶ 赤外線
❷ 紫外線
❸ Ｘ線

昆虫のクイズ図鑑

クイズ14 答え ①色

チョウは花にとまるとき、色を見分けて飛んできます。チョウがとまる花の色は、色紙などを使って調べることができます。

ギフチョウが何色にやってくるか色紙で実験してみると、青い色紙にやってきました。これは、ギフチョウが活動する春にさく花に青っぽい色が多いためだといわれています。

下の写真のオオゴマダラは赤い造花をえらびました。

チョウによって好んでとまる色がちがうね

36

チョウのなかま

クイズ15 答え ❸ 幼虫のときの季節

キタテハのはねの色は、発生する季節によって変わります。その原因は、幼虫のときの季節によって日の長さがちがうからといわれています。

夏型　秋型

キタテハ
■開張：50〜60mm ■発生時期：5〜11月 ■分布：北海道〜九州 ■幼虫の食べ物：カナムグラなど

クイズ16 答え ❷ 紫外線

モンシロチョウの目は、わたしたちには見えない紫外線を感じることができます。わたしたちの目には、おすもめすも同じ白に見えているモンシロチョウですが、モンシロチョウの目からは、おすとめすでまったくちがう色に見えているのです。

紫外線で見たときのモンシロチョウのはね

おす　めす

37

昆虫のクイズ図鑑

クイズ17 ナガサキアゲハが北にすむようになった理由として考えられるのは？

昔は九州で見られていたナガサキアゲハが、最近は関東地方でも見られています。どうしてでしょう？

ナガサキアゲハ
■開張：90〜120mm ■発生時期：4〜8月 ■分布：本州、四国、九州、南西諸島
■幼虫の食べ物：ミカンやカラタチなど

❶ 南の地方のえさを食べつくしてしまったから

❷ 北の地方もあたたかくなったから

❸ ほかのチョウにすむ場所をとられてしまったから

もともとはあたたかい地方に多くいたんだね

チョウのなかま

クイズ18 本州から中国南部まで飛ぶことのあるチョウは？

チョウの中には、とても長い距離を移動するものがいます。どれでしょう？

❶ アサギマダラ

❷ ギフチョウ

❸ ゴマシジミ

昆虫のクイズ図鑑

クイズ17 答え
❷北の地方も あたたかくなったから

　ナガサキアゲハのように、あたたかな南の地方でしかあまり見られなかった昆虫が、近ごろ、だんだん北の地方でも見られるようになってきました。
　これは、地球全体が温暖化しているからだといわれています。また、南の植物が北の地方でも栽培されるようになり、それを食べる昆虫が北の地方にもすむようになったからだともいわれています。

ナガサキアゲハが すむ地域
- 1985年ごろ
- 2013年ごろ

約30年前とくらべ、関東地方にまで広がっています。

ヤクシマルリシジミも、もともとすんでいた南の地方から北の地方へとすむ場所を広げているチョウの一種です。

ヤクシマルリシジミ
■開張：20〜32㎜　■発生時期：3〜11月
■分布：本州、四国、九州、沖縄　■幼虫の食べ物：バラ、イスノキ

40

チョウのなかま

クイズ18 答え ①アサギマダラ

アサギマダラは、春から夏ごろ南の方から飛んできて、高山や北部などのすずしい地域へ移動します。秋になると、その子孫が南へ移動します。中には、本州から中国南部まで1000kmも移動したものもいます。

アサギマダラがどんなルートで移動するのかを調べるため、つかまえたアサギマダラにマークをつけて、はなす調査が行われています。

アサギマダラは風にのって飛ぶんだよ

41

昆虫のクイズ図鑑

クイズ19 オオゴマダラのおすは、どうやってめすをさそう?

オオゴマダラのおすは、めすをさそうために「あること」をします。何をするのでしょうか?

❶ めすの前で、はねを広げる
❷ においを出す
❸ 高い鳴き声を出す

チョウのなかま

クイズ20 はねのもようにはどんな効果がある?

ベニシタバの後ろばねには、きれいなもようがあります。このもようで何をするのでしょうか？

←後ろばね

ベニシタバ
■開張：69～82㎜ ■発生時期：7～10月 ■分布：北海道～九州 ■幼虫の食べ物：ヤナギなど

後ろばねだけ目立つ色をしているね

❶ 敵をおどろかすことができる

❷ めすをよびよせられる

❸ 長く飛ぶことができる

43

昆虫のクイズ図鑑

クイズ19 答え ② においを出す

オオゴマダラのおすは、はらの先にあるヘアペンシルとよばれる毛のふさのようなものから、においの信号を出して、めすをさそいます。このにおいを性フェロモンといいます。

チョウのなかま

クイズ20 答え ① 敵をおどろかすことができる

　ベニシタバやムラサキシタバなどのガは、後ろばねにあざやかな色のもようがあります。ふだんとまっているときは、前ばねでもようをかくしていますが、敵が近づくとはねを広げてもようを見せ、敵をおどろかせます。

木にとまっているベニシタバ

とつぜん開くとびっくりするね！

はねを広げると…

もようがとつぜん出て敵はおどろきます。

45

昆虫のクイズ図鑑

クイズ21 この虫は何とよばれる？

ガのなかまで、小枝や葉をからだにくっつけて木の枝からぶら下がっているこの虫の名前は何でしょう？

あるものに似ていることから名づけられたよ

① エダムシ ② ゴミムシ ③ ミノムシ

チョウのなかま

クイズ 22
ミドリシジミのなかまは"ゼフィルス"とよばれますが、その由来は？

❶ 台風
❷ 西風
❸ 北風

オオミドリシジミ

クイズ 23
レテノールモルフォの本当の色は何色？

❶ 青色
❷ 白色
❸ 茶色

昆虫のクイズ図鑑

クイズ21 答え ❸ ミノムシ

この虫は、ミノガとよばれるガのなかまの幼虫です。ミノムシという名前は、小枝や葉でつくる巣が「みの」に似ていることから名づけられました。「みの」とは、昔の雨具のことです。

オオミノガのめすは、一生をみのの中ですごします。はねのあるガになるのはおすだけです。おすは、めすのフェロモンにひかれてやってきます。

48

チョウのなかま

クイズ22 答え ❷ 西風

ゼフィルスとは、ラテン語で「西風(そよ風)」の意味です。年1回、5〜8月に出てきて、森の中をそよ風のように飛ぶことから名づけられました。

オオミドリシジミ
■開張:35〜40mm ■発生時期:6〜8月 ■分布:北海道〜九州
■幼虫の食べ物:コナラなど

クイズ23 答え ❸ 茶色

写真では青色に見えるはねの色は、実は、茶色です。

りんぷんの構造が青色の光だけを反射して外に出すため青く見えています。見る角度によって色が変化して見えます。

49

昆虫のクイズ図鑑

クイズ24 コウチュウのなかまは、

カブトムシやクワガタムシなどは、かたい前ばねをもつコウチュウのなかまです。世界には何種類くらいいるでしょう？

カブトムシのなかま
世界にどれくらいいる？

1. 3700種類くらい
2. 37万種類くらい
3. 370万種類くらい

昆虫の中でいちばん種類数が多いんだって

昆虫のクイズ図鑑

クイズ24 答え ❷ 37万種類くらい

コウチュウのなかまは種類数がとても多く、世界に37万種類くらい、日本に1万種類くらいいます。

おもなコウチュウのなかま

ゴマダラカミキリ　カブトムシ　ケシゲンゴロウ　タマムシ　ゲンジボタル

同じなかまだけど、見た目はいろいろだね

昆虫の種類全体の3分の1以上がコウチュウのなかまだよ

カブトムシのなかま

世界の『昆虫のなかま』多いものランキング

第1位 コウチュウのなかま 約37万種類

第2位 ハチのなかま 約20万種類

第3位 チョウのなかま 約17万種類

第4位は「ハエのなかま」約13万種類、
第5位は「カメムシのなかま」約10万種類です。

昆虫のクイズ図鑑

クイズ25 コウチュウの なかまはどれ？

コウチュウのなかまは、かたい前ばねでからだがおおわれているのが特徴です。次のうち、どれがコウチュウのなかまでしょう？

① ハンミョウ

② ハサミツノカメムシ

③ エンマコオロギ

カブトムシと同じなかまなのはどれだろう？

カブトムシのなかま

クイズ26 コウチュウの かたい前ばねは、何の役に立つ？

コウチュウのなかまの背中は、かたい前ばねでおおわれています。このかたい前ばねは、何の役に立っているでしょう？

かたい前ばね
やわらかい後ろばね

ナミテントウ
■体長：7〜8mm ■発生時期：4月〜 ■分布：北海道〜九州
■特徴：幼虫も成虫もアブラムシを食べる

前ばねの下に後ろばねがあるんだね

❶ 身を守る
❷ はやく飛ぶ
❸ たまごを守る

昆虫のクイズ図鑑

クイズ25 答え ①ハンミョウ

　ハンミョウは、かたい前ばねをもつコウチュウのなかまです。
　カメムシやコオロギのなかまには、コウチュウのなかまとすがたが似ているものがいますが、前ばねがちがいます。

コウチュウのなかまは、前ばねの合わせ目がまんなかにあります。

前ばねでなかまを見分けてみよう！

コウチュウのなかまとのちがい

カメムシのなかま
前ばねの先の方がやわらかくなっている。

コオロギのなかま
はねの合わせ目が、まんなかにない。

56

カブトムシのなかま

クイズ26 答え ① 身を守る

　コウチュウのなかまは、背中のかたい前ばねのおかげで、木や土の中にもぐっても、はらがきずつきません。飛ぶときには、かたい前ばねの下にたたんである後ろばねを開いて飛びます。

飛ぶときには前ばねを立てて後ろばねではばたきます。

昆虫のクイズ図鑑

クイズ27 カブトムシのつのは、何に使う？

カブトムシ
- ■全長：(おす)27〜59㎜ (めす)33〜53㎜ ■発生時期：6〜8月
- ■分布：北海道〜九州、沖縄 ■幼虫の食べ物：腐葉土など ■特徴：クヌギなどの樹液に集まる

カブトムシのなかま

カブトムシのおすは、大きなつのをもっているのが特徴です。めすに大きなつのはありません。カブトムシは、このつのを何に使っているのでしょうか？

めす

おす

❶ えさを食べる

❷ たたかう

❸ めすと遊ぶ

昆虫のクイズ図鑑

クイズ 27 答え ② たたかう

つのを使ってたたかう
カブトムシのおす
　つのを相手の下にい
れ、すくいあげるよう
にして投げ飛ばします。

カブトムシのなかま

カブトムシのおすのつのは、ほかのおすとたたかって、えさの樹液やなわばりをあらそうときに使います。たたかいに勝った強いおすがえさ場をとり、そこにやってくるめすと出会うことができます。

つので投げとばそうとしているね

カブトムシは、おもに夜活動する夜行性ですが、昼間も樹液にやってきます。カブトムシのおすは、樹液のところでめすと出会い、交尾をします。カブトムシの集まる樹液には、チョウなどの他の昆虫もやってきます。

61

昆虫のクイズ図鑑

クイズ28 カブトムシとクワガタムシ

大きなつのをもつカブトムシと、りっぱな大あごのあるクワガタムシ。❶～❸のうちカブトムシとクワガタムシがよく食べるのは？

カブトムシのおす

カブトムシのめす

育ち方は同じなのかな？

カブトムシのなかま

の成虫が食べるのは？

オオクワガタのおす

オオクワガタ
■全長:(おす)21〜77㎜(めす)22〜48㎜ ■発生時期:6〜10月 ■分布:北海道〜九州

オオクワガタのめす

❶ 葉っぱ
❷ 樹液
❸ 木の皮

昆虫のクイズ図鑑

クイズ28 答え ❷ どちらも樹液をよく食べる

カブトムシの一生

土にあなをあけて、たまごを産みます。（やわらかくくさった木にたまごを産むこともあります。）

たまご 12〜20日

幼虫は土の中で育ちます。

幼虫 8〜11か月

クワガタムシの一生

めすが木にあなをあけて、たまごを産みます。（写真はノコギリクワガタ）

たまご 14日

くさりかけた木を食べて育ちます。

幼虫 2〜4年

カブトムシのなかま

　カブトムシもクワガタムシも、成虫はクヌギなどの樹液を吸います。幼虫のときは、カブトムシは腐葉土などを、クワガタムシはくさりかけた木を食べて育ちます。

　カブトムシも、クワガタムシも、どちらもコウチュウのなかまで「たまご→幼虫→さなぎ→成虫」の順に育ちます。

幼虫のからをぬいで、さなぎになります。

さなぎ 19〜25日

はねがかたまってから地上にでてきます。

成虫 40〜50日

木の中でさなぎになります。

さなぎ 21〜28日

成虫の生きる期間は、種類によってちがいます。

成虫 オオクワガタなど 3〜5年
　　　 ノコギリクワガタなど 3〜5か月

昆虫のクイズ図鑑

クイズ29 これはだれのあし?

つめの先がするどくなっています。
さて、だれのあしでしょう?

よく見ると毛がはえているね

① チョウ
② カマキリ
③ カブトムシ

カブトムシのなかま

クイズ30 カブトムシの成虫が好きな食べ物は？

カブトムシはどんな口をしているかな？

1. バナナ
2. 生きた虫
3. 葉

クイズ31 カブトムシが息をするあなはどこにある？

1. つののあたり
2. あたまのあたり
3. はらのあたり

昆虫のクイズ図鑑

クイズ29 答え ③カブトムシ

カブトムシのあしは、とてもじょうぶで土を掘るのに役立ちます。先のするどいつめで、うまく木をのぼることができます。

チョウのあし先

するどいつめがあります。花や葉につかまるとき、役立ちます。

カマキリの前あし

のこぎりの刃のようなギザギザがあり、これでえものをとらえます。

カブトムシのなかま

クイズ30 答え ① バナナ

つぶしたバナナによってきたカブトムシ

カブトムシは樹液の出るクヌギなどの木にやってきて、ブラシのような口で樹液を吸います。カブトムシはくさったバナナも好きなので、カブトムシをつかまえるとき、つぶしたバナナをネットに入れて、おびきよせることもあります。

クイズ31 答え ③ はらのあたり

気門

カブトムシは、はらの両わきにある"気門"というあなから空気を吸って、息をします。

カブトムシの前ばねをひらいて、はらのあたりを拡大した写真

クイズ32 クワガタムシの幼虫はどこにいる？

雑木林などでみられるクワガタムシ。幼虫のときはどこで育つでしょうか？

① 生きた木の中

クワガタはしめったところが好きだよ

② くさりかけた木の中

③ 葉の中

カブトムシのなかま

クイズ33 チビクワガタの変わったくらし方とは？

小型のチビクワガタやマメクワガタなどの生活は、少し変わっています。どのような生活をするのでしょうか？

おす

めす

チビクワガタはとても小さいクワガタだよ

チビクワガタ
■体長：9～16mm ■発生時期：1年中 ■分布：本州（関東地方以南）、四国、九州、伊豆諸島

① 成虫と幼虫がいっしょに生活する
② おすだけで集まって生活する
③ カブトムシといっしょに生活する

昆虫のクイズ図鑑

クイズ32 答え ❷ くさりかけた木の中

クワガタムシの幼虫は、くさりかけた木の中で、くさりかけた木を食べて育ちます。クワガタムシのめすがもつ大あごは、木の中にたまごを産むために、木にあなをあけるのに使います。

木の中で育つノコギリクワガタの2齢幼虫

"菌糸びん"で幼虫を育てる！

クワガタムシの幼虫は、"菌糸びん"を使うと飼育しやすいです。"菌糸びん"は、びんの中にクヌギの木などを粉にしたものを入れ、それにカワラタケなどのきのこの菌糸をうえたものです。くさりかけた木の中と似た環境になります。

菌糸びんで育てられる幼虫

72

カブトムシのなかま

クイズ33答え ① 成虫と幼虫がいっしょに生活する

チビクワガタやマメクワガタなどは、くさりかけた木の中で、成虫と幼虫がいっしょにくらします。成虫は幼虫が食べやすいように、くさりかけた木を細かくくだきます。

おす　めす

チビクワガタ

おす　めす

マメクワガタ
■体長：8〜12mm　■発生時期：6〜9月　■分布：伊豆諸島、本州、四国、九州、対馬、南西諸島

標本写真は実物大だよ！小さいね！

73

昆虫のクイズ図鑑

クイズ34 フンコロガシがふんを転がすのはなぜ？

フンコロガシは、生き物のふんを集めてふんの球をつくると転がしていきます。これは何のためでしょうか？

① めすにプレゼントするため
② ほかの虫にとられないため
③ 中に入っている幼虫をあやすため

カブトムシのなかま

クイズ35 からだの長さが日本最大のコウチュウはどれ？

1983年に沖縄島北部で発見され、国の天然記念物にもなっているコウチュウはどれでしょう？

① タマムシ

② ヤンバルテナガコガネ

③ ノコギリクワガタ

大あごの長さはふくめないで考えるよ

昆虫のクイズ図鑑

クイズ34 答え ❷ ほかの虫にとられないため

　フンコロガシは、生き物のふんを食べたり、ふんにたまごを産んで幼虫のえさにしたりします。ふん球をつくるとすばやく転がすのは、ずっと同じ場所にいて、ほかの虫にふんをとられてしまわないようにするためです。

ふんを食べるなんてびっくりだね！

カブトムシのなかま

クイズ35 答え ② ヤンバルテナガコガネ

1983年9月に、沖縄島北部で発見されました。ヤンバルとは、沖縄島北部の自然の多い地域のことです。たまごから成虫になるまでに4年かかります。

本当の大きさだよ！

ヤンバルテナガコガネ
■体長：（おす）47〜62㎜（めす）46〜57㎜ ■発生時期：夏〜秋 ■分布：沖縄

昆虫のクイズ図鑑

クイズ36 オトシブミは葉を巻いて何をつくっている？

葉を折りたたんでいます。

くるくる巻いていって……

巻いた葉には何か入っているよ！

カブトムシのなかま

オトシブミのなかまが、くるくると葉を巻いて「あるもの」をつくっています。何をつくるのでしょう？

できあがり！

❶ 夜にねるためのベッド
❷ めすへのプレゼント
❸ 幼虫を育てるためのゆりかご

昆虫のクイズ図鑑

クイズ36 答え
❸ 幼虫を育てるための ゆりかご

　オトシブミのなかまは、幼虫の食べ物になる葉にたまごを産みつけます。その葉をたたんでたまごをくるみ、ゆりかごのようなものをつくります。

葉の中をあけて見ると、中にたまごが産みつけられています。

幼虫は、巻かれた葉を食べて育ちます。

ゆりかごの中でさなぎになります。

成虫

　ゆりかごの中でふ化した幼虫は、中で葉を食べて成長します。さなぎになり、羽化すると外に出てきます。

> **オトシブミ**
> ■体長：8〜9.5mm ■発生時期：5〜8月
> ■分布：北海道〜九州 ■幼虫の食べ物：クリなどの葉

カブトムシのなかま

　ゆりかごをつくるときの葉の切り方は、オトシブミの種類によってちがいます。ゆりかごを地面に落とすものと、そのまま葉にのこすものがいます。

ゆりかごをつくるアシナガオトシブミ

枝についたままのアシナガオトシブミのゆりかご。いくつも作られています。

巻いた手紙（文）が落ちているみたいだから「落とし文」とよばれるようになったんだって

81

昆虫のクイズ図鑑

クイズ37 ゲンゴロウはどうやって水中で息をしている?

水の中でくらすゲンゴロウの成虫は、どのように息をしているのでしょうか?

❶ 背中に空気をためておく
❷ えらで息をする
❸ 息をする必要がない

クイズ38 ホタルが光るのはなぜ？

カブトムシのなかま

夏の夜に見ることができる、おしりの光っているホタル。何のために光っているのでしょうか？

① 強さを見せつけるため

② まわりを見やすくするため

③ おすとめすが出会うため

ゲンジボタル
■体長：10〜16mm ■発生時期：5〜7月 ■分布：本州、四国、九州 ■幼虫の食べ物：カワニナ ■特徴：落ち葉やコケにたまごを産む

昆虫のクイズ図鑑

クイズ37 答え ①背中に空気をためておく

空気のあわ

ゲンゴロウのなかまは、かたいはねの下に、尾の先からとりこんだ空気をためているので水中でも呼吸をすることができます。左の写真でおしりについているのは、背中にためていた空気のあわです。

水中にいる生き物はいろんな方法で息をしているね

トンボの幼虫の呼吸

水中で育つトンボの幼虫は、腸の一部がえらになっています。おしりから水を出し入れして息をします。

84

カブトムシのなかま

クイズ 38 答え ❸ おすとめすが出会うため

　ホタルはおすもめすも、おたがいの光を目印にして相手をさがします。ホタルの種類によって光り方がちがうので、光り方で同じ種類のホタルと分かり、出会うことができます。

交尾するゲンジボタル
　光り方をたよりに集まったゲンジボタルが、交尾をしています。

さなぎもおしりが光る！
　土の中にいるときも、おしりの部分が光っています。たまごも幼虫も光ります。

85

昆虫のクイズ図鑑

クイズ39 マイマイカブリは何を食べる?

マイマイカブリは、食べ物をとかして食べます。何を食べるのでしょうか?

マイマイカブリのマイマイって何だろう?

マイマイカブリ
- ■体長:30〜70mm
- ■発生時期:春〜秋
- ■分布:北海道〜九州など
- ■特徴:おもに夜に活動する

❶ 木の枝　❷ カタツムリ　❸ 白米

カブトムシのなかま

クイズ40 ハンミョウの幼虫は、どうやってえものをつかまえる？

ハンミョウの幼虫は、地面にあなを掘ってくらしています。どのような方法でえものをとらえるのでしょうか？

ハンミョウの成虫

① 巣のあなに引きずりこむ
② 落としあなに落とす
③ ねばねばする液をふきかける

87

昆虫のクイズ図鑑

クイズ39 答え ❷ カタツムリ

マイマイカブリの「マイマイ」とは、カタツムリのこと。マイマイカブリは、幼虫も成虫もカタツムリを食べます。さらに成虫は、カタツムリのほか、いろいろな小動物をおそい、だ液でとかしてそのしるを吸います。

カタツムリを食べるマイマイカブリ

カブトムシのなかま

クイズ40 答え ① 巣のあなに引きずりこむ

巣の中を横から見たところ

ハンミョウの幼虫は、土の中にたてのトンネルの巣をつくります。巣の中では、あたまを上にして入り口近くでえものを待ちます。昆虫が近くを通りかかると、巣から身をのりだしてかみつき、巣に引きこんで食べます。

巣の入り口を上から見たところ
入り口近くでえものを待ちます。するどいきばがあります。

幼虫は、巣の中で成長してさなぎになるよ

昆虫のクイズ図鑑

クイズ41 ナナホシテントウが黄色い液を出すのはなぜ？

ナナホシテントウは、あしの関節からにおいのする黄色い液体を出します。これは何のためでしょうか？

この液体はなめるとまずいんだって

1. なわばりを守るため
2. 身を守るため
3. めすをひきつけるため

カブトムシのなかま

クイズ42 これはゾウムシの何？

ゾウに似ていることから名前がついたゾウムシ。この長いものは何でしょうか？

ゾウの鼻みたいだね

これ

① 鼻　② 口　③ しっぽ

昆虫のクイズ図鑑

クイズ41 答え ❷ 身を守るため

　テントウムシは敵におそわれると、あしの関節から苦くてまずい液体を出します。そうすることで、この液体をいやがる鳥などの敵を追いはらうことができます。

　テントウムシは黄色い液体を出すだけでなく、危険を感じるとあしをちぢめて地面に落ちます。地面に落ちることで、結果的に敵から逃げることができます。

カブトムシのなかま

クイズ42 答え ❷口

　ゾウの鼻のように長いものはゾウムシの口です。正確には、あたまの一部が細長くのびて、その先に口があります。

　クリシギゾウムシは、この口でクリの実にあなをあけて、その中にたまごを産みます。たまごからかえった幼虫はクリの実を食べて育ち、さなぎになる前に実から出て、地面の中でさなぎになります。

> 長くのびたあたまの一部が
> ゾウの鼻に似ているので
> ゾウムシというよ

ゾウムシがクリの実に口であなをあけています。

あけたあなから、クリの実の中にたまごを産んでいます。

昆虫のクイズ図鑑

クイズ43 コメツキムシの得意わざは？

コメツキムシは、あるおもしろい特技をもっています。どんな特技があるでしょう？

オオナガコメツキ
- ■体長：24mm
- ■発生時期：6月〜
- ■分布：日本全土
- ■幼虫の食べ物：くち木にいる昆虫など
- ■特徴：くち木や葉の上などに見られる

❶ とびあがる

❷ 泳ぐ

❸ 歌う

94

カブトムシのなかま

クイズ44 ジンガサハムシのさなぎは何を背負っている?

ジンガサハムシは、幼虫もさなぎも同じものを背中にのせています。何でしょうか?

ジンガサハムシのさなぎ
葉の上でさなぎになります。

成虫

ジンガサハムシ
■体長:7〜8mm
■発生時期:4〜9月 ■分布:北海道〜九州 ■幼虫の食べ物:ヒルガオの葉

❶ かれた葉っぱ
❷ 自分の親
❸ ぬいだ幼虫の皮

ハムシは漢字で「葉虫」って書くんだね

昆虫のクイズ図鑑

クイズ43 答え ❶ とびあがる

　コメツキムシは、背中を下にしておくと、むねをはねあげてとびあがります。このときの様子や音が「米つき」（玄米をぼうなどでついて白米にすること）に似ていたことから「コメツキムシ」という名前になったといわれています。

コメツキムシの背中を下にしておくと、「パチン」という音をたててとびあがります。

すごいはやさでとびあがるよ

パチン！

必ずしもあしを下にして着地するわけではないようです。

カブトムシのなかま

クイズ44 答え ❸ ぬいだ幼虫の皮

　ジンガサハムシの幼虫は、自分のぬいだ皮を背中に背負っています。幼虫は、4回皮をぬいだあと葉の上でさなぎになります。さなぎにもぬいだ幼虫の皮がついています。

ジンガサハムシのたまご

たまごは葉の上でふ化します。

ジンガサハムシの幼虫

ヒルガオの葉を食べて成長します。

ジンガサハムシのさなぎ

幼虫の皮を背負っています。

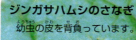

ジンガサハムシの成虫

97

昆虫のクイズ図鑑

クイズ45 クワガタムシの「クワガタ」とは、何のこと？

❶ 畑をたがやす「くわ」のこと
❷ 桑の葉のかたち
❸ よろいかぶとのかぶとのかざり

クイズ46 ハンミョウは別名、何とよばれる？

❶ 道草虫
❷ 道教え
❸ 道まよい

クイズ47 「天牛」とは、どの昆虫(こんちゅう)のこと？

① テントウムシ
② カミキリムシ
③ カマキリ

何(なに)かが牛(うし)に似(に)ているんだって

クイズ48 カミキリムシの「カミ」とは、何(なん)のこと？

① 髪(かみ)　② 上(かみ)　③ 神(かみ)

シロスジカミキリ

昆虫のクイズ図鑑

クイズ45 答え ❸ よろいかぶとの かぶとのかざり

昔の武士がたたかいのときに身につけていた、よろいかぶとのかぶとのかざりのことを「くわがた」とよびます。大あごがそのかたちに似ていることから、クワガタムシとよばれるようになったといわれています。

クイズ46 答え ❷ 道教え

ハンミョウは、山や森などによくいます。昔、人の前をぶーんととび、少し先にとまる様子が道を教えているようだといわれ、「道教え」とよばれるようになりました。

ハンミョウ（ナミハンミョウ）
■体長：18〜20mm ■発生時期：春〜夏 ■分布：本州、四国、九州
■幼虫の食べ物：ほかの昆虫

カブトムシのなかま

クイズ47 答え ❷ カミキリムシ

「天牛」とは、中国語でカミキリムシのこと。とても長いりっぱな触角が牛のようだとたとえられたことから、名づけられました。

木のみきにいるシロスジカミキリ。長い触角が特徴です。

クイズ48 答え ❶ 髪

強いあごで木にあなをあけることもできるんだよ

カミキリムシは、「天牛」と書くほかにも漢字で「髪切虫」と書きます。髪を切ることができるくらい強いあごをもつことから、こうよばれるようになりました。

101

昆虫のクイズ図鑑

クイズ49 この中で、ハチはどれ？

黄色と黒の目立つもようをしたハチのような昆虫がいますが、この中にハチは1ぴきだけです。本物のハチはどれでしょうか？

①

もようと色は、みんなそっくりだね

ハチなどのなかま

❷

❸

103

昆虫のクイズ図鑑

クイズ49 答え 本物のハチは ❸

❸はスズメバチでハチのなかまです。ハチのなかまには、とうめいでじょうぶなうすいはねがあります。めすは、はりをもつものがいて、このはりで身を守ったり、えものをまひさせたりします。

❶と❷はハチではありません。昆虫には、カミキリムシやハナアブのなかまのように、ハチにすがたが似ているものがいます。

❶ は、ホソヒラタアブ

アブのなかまの中にも、はりをもっているミツバチにすがたを似せるものがいます。

はねは2枚しかないよ

ホソヒラタアブ
- ■体長：約11mm ■発生時期：5〜9月 ■分布：北海道〜九州
- ■幼虫の食べ物：アブラムシ
- ■特徴：花にとまり、みつを吸う

似ているハチは…

セイヨウミツバチ
- ■体長：(働きバチ) 12〜13mm ■発生時期：3〜11月 ■特徴：飼育されている

❷は、ヨツスジトラカミキリ

アシナガバチに似ているヨツスジトラカミキリのほかにも、ハチにからだのもようを似せたカミキリムシがいます。なかには、動き方まで似せるものもいます。

からだのもようがアシナガバチに似ているよ

似ているハチは…

ヨツスジトラカミキリ
■体長：14～19㎜ ■発生時期：5～9月 ■分布：本州、四国、九州、沖縄 ■幼虫の食べ物：広葉樹や針葉樹

フタモンアシナガバチ
■体長：12～18㎜ ■発生時期：5～10月 ■分布：本州、四国、九州、沖縄

ハチにそっくりな顔をしたカミキリムシ

顔もハチにそっくりなんだよ！

ハチにすがたが似ていると、実際に毒ばりをもっていなくても、鳥などが危険だと感じて、鳥におそわれにくくなります。

昆虫のクイズ図鑑

クイズ50 ニホンミツバチは、オオスズメバチにおそわれたときどうする?

ニホンミツバチ
■体長:(働きバチ) 10〜12mm ■発生時期:3〜11月 ■分布:本州、四国、九州

オオスズメバチ
■体長:26〜44mm ■発生時期:5〜11月 ■分布:北海道〜九州 ■幼虫の食べ物:昆虫など ■特徴:秋にはミツバチの巣をおそう

大きさが全然ちがうね!

106

ハチなどのなかま

　オオスズメバチは、秋ごろになると幼虫のえさにするために、ほかのハチの巣をおそいます。このとき、ニホンミツバチはどのような行動をとるでしょうか。

❶ 集団でオオスズメバチをとりかこむ

スズメバチは強い毒をもっているよ

❷ はりでさす

❸ 死んだふりをする

昆虫のクイズ図鑑

クイズ50 答え ① 集団でオオスズメバチを とりかこむ

ハチなどのなかま

　ニホンミツバチは、1ぴきのオオスズメバチを何百という数のミツバチでかこんで、やっつけます。ミツバチの集団は、はねをふるわせて体温をあげます。そうすることで、ミツバチより熱に弱いオオスズメバチは、ミツバチの中で蒸し殺されてしまいます。

ニホンミツバチは50℃ぐらいまで生きていられるよ

とってもこわいスズメバチ

　オオスズメバチやキイロスズメバチは気があらく、巣に近づいたり、巣にさわったりすると人を攻撃することがあります。オオスズメバチはセイヨウミツバチの巣などをおそい、皆殺しにしてしまうことがあります。

オオスズメバチ

109

昆虫のクイズ図鑑

クイズ51 ミツバチの中で、はりをもっているのは？

ミツバチは、はりで攻撃することがありますが、はりをもっているハチともっていないハチがいます。次のうち、はりをもっているのはどれでしょうか？

❶ おすのミツバチだけ
❷ めすのミツバチだけ
❸ 女王バチだけ

ハチなどのなかま

クイズ52 スズメバチの成虫は、どのようにしてえさを食べる?

スズメバチの幼虫は、成虫がとってきたえものを食べます。では、成虫はどうやってえさを食べるのでしょうか?

幼虫は成虫からえさをもらうよ

モンスズメバチ
■体長:19〜28mm ■発生時期:5〜10月 ■分布:北海道〜九州 ■幼虫の食べ物:おもにセミ

❶ つかまえたえものをそのまま食べる
❷ 幼虫が消化したものを食べる
❸ 食べなくてもよい

昆虫のクイズ図鑑

クイズ51 答え ❷ めすバチだけがもっている

ミツバチの中ではりをもっているのは、めすだけです。はりは、もともとたまごを産むための「産卵管」が変化したものなので、おすにはありません。

ギザギザしたミツバチのはり
ミツバチのはりは、一度さすと、とてもぬけにくいかたちになっています。

はりをさしたミツバチは死ぬ!?

さしたはりをぬこうとすると、ミツバチのからだから内臓ごとはりがとれてしまうため、一度はりをさしたミツバチは死んでしまいます。

ニホンミツバチの働きバチ

働きバチはみんなめすだからはりをもっているよ

クイズ52 答え ❷ 幼虫が消化したものを食べる

　幼虫を育てるスズメバチの働きバチは、ほかの昆虫をとらえますが、それを自分で食べることはありません。とらえた虫をだんごのようにして巣にもって帰り、幼虫にあたえます。幼虫の世話をする働きバチは、幼虫が食べて消化し、口から出した液体をなめます。樹液はそのまま食べます。

113

昆虫のクイズ図鑑

クイズ53 ミツバチは、えさの場所をなかまにどうやって伝える?

ミツバチは、花のみつのありかをある方法でなかまに伝えます。どうやって伝えるのでしょうか?

❶ ダンスをおどる
❷ においを出して飛ぶ
❸ 歌をうたう

ハチなどのなかま

クイズ54 ベッコウクモバチのなかまは幼虫のために何をつかまえる?

ベッコウクモバチは幼虫のえさにするために、あるえものをとらえます。それは何でしょう?

ベッコウクモバチ
- 体長:16～26㎜
- 発生時期:6～8月
- 分布:本州、四国、九州、沖縄

えものにはりをさして、まひさせてつかまえるよ

① クモ
② カブトムシ
③ カマキリ

昆虫のクイズ図鑑

クイズ53 答え ① ダンスをおどる

　ミツバチは、花粉と花のみつを集めて巣にもどったとき、そのありかをダンスでなかまに伝えると考えられています。巣の中で、8の字ダンスや円ダンスをおどることで、巣から花までの距離や方向を伝えます。

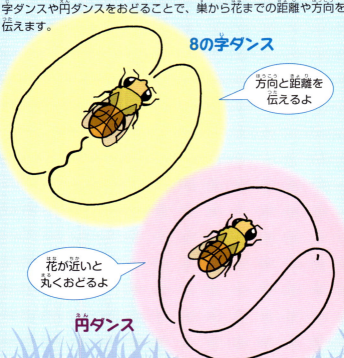

8の字ダンス

方向と距離を伝えるよ

花が近いと丸くおどるよ

円ダンス

クイズ54 答え ①クモ

　ベッコウクモバチのなかまは、クモをつかまえて幼虫のえさにします。クモをはりでさしてまひさせた後、巣あなを掘って中にクモを入れ、そこにたまごを産みます。たまごからふ化した幼虫は、あなの中のクモを食べて育ちます。

まひして動かなくなったクモを、巣あなを掘るところまで引きずって運びます。

昆虫のクイズ図鑑

クイズ55 ハチの幼虫はどれ？

次のうち、2ひきはチョウのなかまの幼虫ですが、1ぴきはハチのなかまの幼虫です。どれがハチの幼虫でしょうか？

①

②

③

ハチなどのなかま

クイズ56 キムネクマバチは、どこに巣をつくる?

ハチのなかまは、いろいろなところに巣をつくります。キムネクマバチはどこに巣をつくるのでしょうか?

キムネクマバチ
■体長:18〜25㎜ ■発生時期:春〜秋 ■分布:北海道〜九州 ■幼虫の食べ物:花粉とみつのだんご

❶ 土の中
❷ 木の枝の中
❸ 草むら

フジの花によく集まるんだって

119

昆虫のクイズ図鑑

クイズ55 答え ❸は、ハバチの幼虫

ハバチの幼虫は、いも虫のようなかたちをしていて、チョウの幼虫に似ています。チョウの幼虫よりも、はらについているあしのようなものが4本多いのが特徴です。

ニホンカブラハバチ
■体長：7〜8mm ■発生時期：4〜10月 ■分布：日本全土 ■幼虫の食べ物：ナズナやアブラナなどの葉

❶は、オオムラサキの幼虫

オオムラサキ
■開張：75〜100mm ■発生時期：6〜10月 ■分布：北海道〜九州 ■幼虫の食べ物：エノキなど ■特徴：成虫はクヌギなどの樹液に集まる

❷は、キアゲハの幼虫

キアゲハ
■開張：70〜90mm ■発生時期：3〜8月 ■分布：北海道〜九州 ■幼虫の食べ物：ニンジンなどの葉

ハチなどのなかま

クイズ56答え ❷木の枝の中

外から見たキムネクマバチの巣

巣の中にはしきりで分けられた小さな部屋があります。

キムネクマバチは、木の枝にあなを掘り、巣をつくります。巣は小さな部屋がしきりで分けられていて、その中にたまごを産みます。幼虫は花粉だんごを食べて育ちます。

いろいろなハチの巣

ミツバチの巣
巣はロウでできています。六角形の部屋がたくさんあります。

コアシナガバチの巣
木の皮とだ液をまぜて、紙のような巣をつくります。

121

昆虫のクイズ図鑑

クイズ57 集団でくらすミツバチ。1ぴきの女王バチに対して、働きバチはどれくらいいる？

ミツバチは巣をつくり、1ぴきの女王バチとたくさんのおすバチ、働きバチで社会生活を送ります。その中で、働きバチはどれくらいいるでしょうか？

女王バチ

おすバチ

働きバチ

❶ 10ぴき
❷ 100ぴき
❸ 1万びき以上

ハチなどのなかま

クイズ 58 次の中で、アリはどれ?

①〜③の中にはアリ、ハチ、クモがいます。この中でアリはどれでしょうか？

3びきともよく似ているけど…

昆虫じゃないのもまざっているよ！

昆虫のクイズ図鑑

クイズ57 答え ③ 1万びき以上

ミツバチの巣は、女王バチ、おすバチ、働きバチからなります。真夏になり巣が発達すると、1ぴきの女王バチに対し、おすバチは数百ひき、働きバチは1万びき以上にもなります。

←女王バチ

女王バチは働きバチより大きいね

まわりの働きバチたちが、中央の大きな女王バチの世話をしています。

※巣が発達していない時期は、1万びきより少ないこともあります。

ハチなどのなかま

クイズ58 答え ❷が、トゲアリ

アリはほかの昆虫をおそうので、こわがられています。そのため、ミカドアリバチやアリグモのように、アリに擬態して自分の身を守っているものがいます。クモは昆虫ではありません。

❷ アリのなかま

トゲアリ
■体長:(働きアリ)7〜8mm ■発生時期:5〜11月 ■分布:本州、四国、九州 ■特徴:木についたアブラムシに集まる

❶ ハチのなかま

ミカドアリバチ
■体長:11〜13mm ■発生時期:6〜8月 ■分布:本州、四国、九州 ■幼虫の食べ物:マルハナバチ ■特徴:めすははねがなく、地上をはいまわる

❸ クモのなかま

アリグモ
■体長:(おす)5〜6mm(めす)7〜8mm ■発生時期:6〜8月 ■分布:本州、四国、九州、沖縄 ■特徴:クロヤマアリに擬態している

昆虫のクイズ図鑑

クイズ59 たまごを産むアリのことを何という？

1. 女王アリ
2. 大奥アリ
3. 女神アリ

アリは社会をつくっているよ

クイズ60 働きアリがやらないのはどれ？

1. 女王アリの世話をする
2. 幼虫の世話をする
3. 空を飛ぶ

ハチなどのなかま

クイズ61 働きアリはどんなときにアリの巣をつくる?

クロナガアリは、女王アリ、おすアリ、働きアリがいっしょにくらします。巣を大きくしたり直したりする仕事は、働きアリの仕事です。女王アリがいなくても、働きアリは仕事をするでしょうか?

働きアリだけを飼っても巣をつくるのかな?

クロナガアリ
■体長:(働きアリ)4～5㎜ ■発生時期:5～6月、9～11月 ■分布:本州、四国、九州

❶女王アリもおすアリもいるときにだけ巣をつくる
❷女王アリがいるときだけ巣をつくる
❸女王アリがいなくても巣をつくる

昆虫のクイズ図鑑

クイズ59 答え ① 女王アリ

女王アリの仕事は、たまごを産むことです。生まれた働きアリが成虫になると、ほかの仕事はすべて働きアリにまかせ、女王アリは何年もたまごだけを産みつづけます。

クロオオアリの女王アリ

クロオオアリ
- ■体長：(働きアリ)7〜12㎜
- ■発生時期：4〜10月
- ■分布：北海道〜九州
- ■特徴：日本では最大のアリ

クイズ60 答え ③ 空を飛ぶことはできない

働きアリはめすアリで、はねはありません。巣を大きくしたり直したり、そうじをする仕事、女王アリの世話をする仕事、食べ物を集める仕事、幼虫やさなぎの世話をする仕事など、いろいろな仕事をします。

働きアリ

おすアリ

おすアリにははねがあるので、空を飛ぶことができます。

ハチなどのなかま

クイズ61 答え

③女王アリがいなくても巣をつくる

働きアリは、女王アリがいなくても巣をつくります。アリをつかまえてびんなどで飼うと、巣をつくる様子が観察できます。

アリの巣づくりを観察しよう

地面にしいた紙の上にビスケットやあめをのせて、アリをおびきよせてつかまえます。アリは同じ巣のものを、びんに10ぴきぐらい入れましょう。

ふたにはアリが通れない大きさの空気あなをあける。

日なたでかわかした土をきりふきでしめらせて、びんの3分の2くらいまで入れる。

黒い紙をまく。観察のときだけはずす。

アリはびんの中でも巣をつくって生活しますが、しばらくすると死んでしまいます。

※部屋の中などでアリが逃げないように気をつけましょう。

129

昆虫のクイズ図鑑

クイズ62 アリの巣で、本当にある部屋は？

アリのなかまの多くは土の中や木の中、つみあげた草の中などに巣をつくり、働きアリ、女王アリ、幼虫などが社会生活をしています。巣の中にはどんな部屋があるでしょうか？

❶ 子ども部屋

❷ 台所

❸ 風呂場

ハチなどのなかま

クイズ63 おすアリはどんな仕事をする？

クロオオアリの巣には、女王アリが1ぴきとたくさんの働きアリ、そしておすアリがいます。おすアリは巣の中でどんな仕事をするのでしょうか？

❶ 敵とたたかう

❷ 空から敵を見張る

❸ 巣の中では何もしない

昆虫のクイズ図鑑

クイズ62 答え ① 子ども部屋

アリの巣には、幼虫やさなぎを育てる部屋があります。幼虫の世話をするのは、働きアリの仕事です。巣の中には、ほかにも女王の部屋、ごみをすてる部屋などもあります。

いろんな部屋があるね

クロオオアリの巣の中には、幼虫やさなぎのまゆが入っている育児室があります。

クロオオアリのごみすて場
巣には食べかすなどがすてられている部屋もあります。

ハチなどのなかま

クイズ63 答え ❸ 巣の中では何もしない

　クロオオアリでは、1ぴきの女王アリに対して、数十～数百ひきのおすアリがいますが、おすアリは巣の中では何もしません。新しい女王アリが巣から出るときにいっしょに出て、交尾をすると死んでしまいます。

新女王アリといっしょに巣から出てきたおすアリ

　敵とたたかったり、女王アリの世話をしたりという仕事は、すべて働きアリの仕事です。働きアリは、すべてめすです。

働きアリ

昆虫のクイズ図鑑

クイズ64 アリはどうやってなかまを見分ける？

アリは、なわばりをあらそうときなど、なかまと敵を見分けています。何によって見分けているでしょう？

触角でさわっているみたいだね

❶ からだの色
❷ からだの表面のあぶら
❸ 鳴き声

ハチなどのなかま

クイズ65 アリとアブラムシの関係で正しいのは？

アリとアブラムシは、いっしょにいるのをよく見かけます。これは、どうしてでしょう？

アブラムシ

❶ アリがアブラムシを守る
❷ アリがアブラムシを食べる
❸ アリにアブラムシが乗って、移動する

昆虫のクイズ図鑑

クイズ64 答え ❷ からだの表面のあぶら

アリはからだの表面についたあぶらで、なかまを見分けています。同じ巣のなかまは同じあぶらがついていて、このあぶらがちがうと、同じ種類のアリであっても巣がちがう敵として攻撃されます。このあぶらは、女王アリのからだの表面から出されているものではないかといわれています。

アリは触角で相手にふれて、なかまかどうかを見分けます。

アリはからだのあぶらを信号にしているんだね

ハチなどのなかま

クイズ65 答え ① アリがアブラムシを守る

　アリとアブラムシは、助け合う関係にあります。アリは、アブラムシの出すあまいしるをもらうかわりに、アブラムシの敵のテントウムシを追いはらいます。

テントウムシはアリに追いはらわれてしまいます。

アリがアブラムシのしるをなめているよ

137

昆虫のクイズ図鑑

クイズ66 ウスバカゲロウの幼虫は何とよばれる？

えものをとらえるようすから、ウスバカゲロウの幼虫はある名前でよばれています。どんな名前でしょうか？

1. ミズジゴク
2. スナジゴク
3. アリジゴク

ウスバカゲロウの幼虫

小さな昆虫などをつかまえるよ

ウスバカゲロウ
- ■体長：75～85mm
- ■発生時期：6～11月
- ■分布：日本全土
- ■幼虫の食べ物：昆虫など

ハチなどのなかま

クイズ67 ウスバカゲロウの幼虫はどうやってえものをつかまえる？

するどいきばをもつウスバカゲロウの幼虫。どうやってえものをつかまえるのでしょうか？

❶ 落としあなに引きこむ
❷ 水中に引きずりこむ
❸ 死んだふりをする

大きなきばがあるね

ウスバカゲロウの成虫

昆虫のクイズ図鑑

クイズ66 答え ③ アリジゴク

ウスバカゲロウの幼虫はアリジゴクとよばれ、かわいた地面にすりばちのようなあなを掘って、すんでいます。

お寺の境内ののき下や公園で見たことがあるよ

あなに落ちてきたえものをとらえると、きばの内側のみぞをストローのように使って、えものの体液を吸います。

ハチなどのなかま

クイズ67 答え ①落とし あなに引きこむ

ウスバカゲロウの幼虫は、すりばちのような落としあなをつくり、そこでえものを待ちます。すなの中に巣があり、えものが落としあなにかかると、はやく落ちるようにすなをかけます。

えものは、一度落ちるとなかなか上がれないんだって

地面につくられたアリジゴクの巣

昆虫のクイズ図鑑

クイズ68 オドリバエはどうやってプロポーズする?

日本に1000種類くらいいるといわれているオドリバエは、ハエのなかまです。おすはどうやって、めすにプロポーズ（求愛）するのでしょうか？

❶ 絵をかく

❷ 歌う

❸ プレゼントをわたす

クイズ69 「カ」は何によってくる?

カは、動物や人の血を吸って生きています。カはどうやって人を見つけているでしょう？

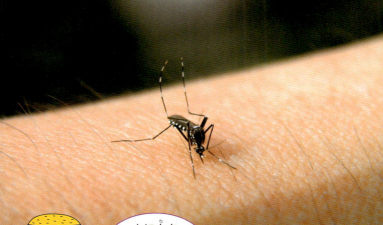

カに血を吸われると、かゆくなるよね

① 人の出す音
② 人のはく息
③ 人の出す振動

143

昆虫のクイズ図鑑

クイズ68 答え ③ プレゼントをわたす

オドリバエのなかまのおすは、結婚（交尾）のために、めすにえものをプレゼントする習性があります。おすはめすがえものを食べているあいだに交尾をします。

ゴミをプレゼント!?

オドリバエには、おくりものを糸でぐるぐる巻きにしておくるものもいます。なかには、すなやゴミなどを入れたものや、何も入っていない、にせのおくりものをつくってめすをだますものもいます。

ハチなどのなかま

クイズ69 答え ❷ 人のはく息

カは、人のはいた息にふくまれる二酸化炭素や人の体温、あせのにおいを感じて近づいてきます。人のほかに動物の血を吸うカもいます。

動物の血を吸うのは、カのなかでもめすだけです。めすがたまごを産むときのエネルギーになります。

カは長いストローのような口をもっているよ

クイズ70 トンボの目はどうなっている？

はねを広げて水平にとまるアキアカネ

トンボは夏から秋にかけてよく見かけるね

その他の昆虫

トンボは4まいのはねと2つの大きな目が特徴ですが、目にはどんなひみつがあるのでしょうか?

これが目

ガガンボをとらえて食べるアキアカネ

❶ 小さな目がたくさん集まっている
❷ 毛がたくさん生えている
❸ あしの先にも目がついている

昆虫のクイズ図鑑

クイズ70 答え

① 小さな目が
たくさん集まっている

正面から見たギンヤンマの目
小さな目が1万〜2万5000こも集まっています。

その他の昆虫

　昆虫の多くは、小さな目が集まった大きな目（複眼）をもっています。トンボはよい視力をもっていて、飛びながら小さな昆虫などのえものをつかまえることができます。

アゲハチョウの目
チョウの目は、1万こくらいの小さな目が集まっています。

昆虫のクイズ図鑑

クイズ71 トンボの幼虫は、どうやって敵から逃げる？

トンボの幼虫は「やご」とよばれ、水の中で育ちますが、フナなどの魚が敵です。敵におそわれたとき、トンボの幼虫はどうやって逃げるのでしょうか？

やごはまだはねがないから飛べないよ

❶ 毒のはりでさす
❷ おしりから水を出して泳ぐ
❸ 白い液体を出して、すがたをくらます

その他の昆虫

クイズ72 トンボの幼虫は、どうやってえものをつかまえる?

① おしりから毒を出す
② 触角でからめとる
③ 口をのばす

ユスリカの幼虫を食べるアキアカネの幼虫

クイズ73 セスジイトトンボのたまごの産み方は?

おす

セスジイトトンボ
■体長:27〜37mm
■発生時期:4〜12月
■分布:北海道〜九州

① 水にもぐって産む
② 水面に産みおとす
③ 土の中に産む

クイズ71 答え ❷ おしりから水を出して泳ぐ

　トンボの幼虫は敵がおそってくると、おしりから吸いこんだ水をいきおいよくふきだして、すばやく泳ぎます。これは、敵から逃げるときだけでなく、えものにとびかかるときなども、このように泳ぎます。

その他の昆虫

クイズ72 答え

❸ 口をのばす

トンボの幼虫は、水の中にすむ小動物を口（下唇）をのばしてとらえ、食べます。下唇は、ふだんは大あごの下に折りたたんでいますが、えものを見つけるとすばやくのばして、先のきばでとらえます。

クイズ73 答え

❶ 水にもぐって産む

おす
めす

セスジイトトンボのめすは、たまごを産むとき、おすのはらの先であたまをつかまれて、つながって飛びます。そのまま水中にもぐって水草などのくきにつかまり、たまごを産みます。

昆虫のクイズ図鑑

クイズ74 セミの鳴く理由でまちがっているのは?

セミが鳴くのには、いくつか理由があります。次のうち、まちがっているのはどれでしょうか?

ジージリジリ
ジー

① 敵をおどすため
② 敵からおそわれたため
③ ほかのおすのじゃまをするため

アブラゼミ
■全長:34〜38㎜ ■発生時期:7〜9月
■分布:北海道〜九州

その他の昆虫

クイズ75 セミの幼虫の食べ物は？

ふ化したセミの幼虫は、土の中にもぐって成長します。何を食べて育つのでしょうか？

幼虫は土の中で成長してから出てきます。

❶ かれた葉っぱ　❷ 木のしる　❸ 小さな虫

昆虫のクイズ図鑑

クイズ74 答え

① 敵をおどすのはまちがい

ふつう鳴くのはおすのセミで、1ぴきがいくつかのパターンで鳴きます。セミの鳴き声には、なかまのあいだでコミュニケーションをとる役割があります。

セミの鳴き方いろいろ

誘い鳴き
近よってきた
めすに求愛する

悲鳴
敵におそわれた
ときの悲鳴

本鳴き
なかまを集めたり、
めすをよびよせたり
する

じゃま鳴き
鳴いているおすに
近よって
じゃまをする

その他の昆虫

クイズ75 答え ❷木のしる

セミは木の中にたまごを産みます。たまごからかえったセミの幼虫は、土の中にもぐり、木の根から養分のしるを吸って育ちます。

アブラゼミは、かれ枝などにたまごを産みます。

次の年にふ化した幼虫は、地中にもぐります。

アブラゼミの成虫

幼虫は、土の中で木の根のしるを吸って育ちます。3～4年後に地上に出て羽化し、成虫になります。

157

昆虫のクイズ図鑑

クイズ76 だれの鳴き声?

カナカナカナ

1. アブラゼミ
2. ニイニイゼミ
3. ヒグラシ

クイズ77 カメムシの得意わざは?

1. 触角をムチのように使う
2. いやな音を出す
3. くさいにおいを出す

チャバネアオカメムシ
■体長:10〜12㎜ ■発生時期:4〜11月
■分布:日本全土 ■特徴:果実の害虫

その他の昆虫

クイズ78 タガメのめすは、たまごを見つけると何をする?

タガメのめすは、別のめすのたまごを見つけると、ある行動をします。いったいどんな行動をするでしょう?

タガメは水の中でくらしているよ

タガメ
■体長:48〜65mm ■発生時期:5〜10月
■分布:日本全土 ■特徴:小さい魚などの体液を吸う

❶ 別のタガメのたまごを食べる
❷ 別のタガメのたまごをこわす
❸ 別のタガメのたまごも温める

昆虫のクイズ図鑑

クイズ76 答え ③ ヒグラシ

カナカナカナと鳴くのはヒグラシです。セミの鳴き声は種類ごとにちがっています。また、種類によって鳴く時期や時間帯もちがいます。

ヒグラシ
■全長：23〜39mm ■発生時期：7〜9月 ■分布：北海道〜九州、奄美群島 ■食べ物：木や草のしるなど

クイズ77 答え ③ くさいにおいを出す

カメムシは、くさいにおいを出すことで、敵を追いはらいます。幼虫は背中から、成虫はむねのはらがわから、とてもくさいにおいを出します。

その他の昆虫

クイズ78 答え ❷別のタガメのたまごをこわす

タガメのおすは、めすの産んだたまごをふ化するまで守りますが、めすは別のめすが産みつけたたまごをこわし、かわりに自分のたまごを産みつけようとします。たまごをこわされたおすは、今度は新しく産みつけられたたまごを守ります。

昆虫のクイズ図鑑

クイズ79 アメンボが水にうく ひみつは?

アメンボは水面をすいすい泳ぐことができます。どうして水の上にういていられるのでしょうか?

① あしの先から水が出ている
② あしに水をはじく細かい毛が生えている
③ すばやくあしを動かしつづけている

その他の昆虫

クイズ80 オオアメンボのおすはどうやってめすをよぶ?

オオアメンボのおすは、ある変わった方法でめすをよびます。どんなよび方をするのでしょうか?

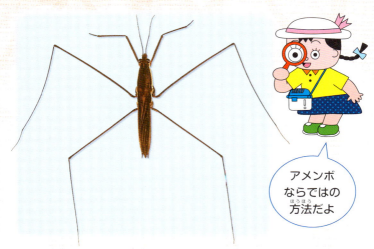

アメンボならではの方法だよ

1. 歌をうたう
2. 超音波を出す
3. 波で信号を送る

オオアメンボ
■体長:19〜27mm ■発生時期:4〜10月 ■分布:本州、四国、九州 ■食べ物:小さな生き物 ■特徴:広く開けた池では群れをつくる

昆虫のクイズ図鑑

クイズ79 答え ❷ あしに水をはじく細かい毛が生えている

アメンボのあしには、水をはじく細かい毛がびっしりと生えています。これがアメンボが水にういていられる理由のひとつです。ほかにも「表面張力」という力も関係しています。中性洗剤などがまざったよごれた水には、アメンボはうくことができません。

からだがとても軽いのも、うく理由のひとつだよ

アメンボのあしを拡大すると毛がたくさん生えています。

クイズ80答え ❸ 波で信号を送る

その他の昆虫

アメンボのおすは、あしでつくりだす波の信号によって、めすをよんだり、求愛したりしています。

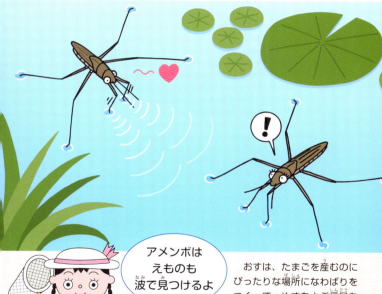

アメンボはえものも波で見つけるよ

おすは、たまごを産むのにぴったりな場所になわばりをつくって、めすをよぶ信号を出します。めすが近くにやってくると、さらに別の信号で求愛します。めすも似たような信号を出し、気が合うと交尾をします。

昆虫のクイズ図鑑

クイズ81 ミズカマキリは何のなかま?

大きな「かま」のような前あしをもつミズカマキリは、水中でくらしています。ミズカマキリは次のうち、どれと同じなかまでしょう?

するどいかまでえものをつかまえるよ

❶ カメムシのなかま
❷ カマキリのなかま
❸ カブトムシのなかま

ミズカマキリ
■体長:40〜45㎜ ■発生時期:4〜10月 ■分布:日本全土 ■食べ物:水生昆虫や小さな魚などの体液

その他の昆虫

クイズ 82 タイコウチは水の中でどうやって息をする?

タイコウチは水の中でくらす昆虫です。水の中では、どうやって息をしているのでしょうか?

タイコウチは水の中で息をするんだね

① 水面に管を出して息をする

② エアータンクを背負っている

③ えら呼吸できる

167

昆虫のクイズ図鑑

クイズ81 答え ①カメムシのなかま

　ミズカマキリは「カマキリ」という言葉が名前についていますが、カメムシのなかまです。カメムシと同じように、注射ばりのような「さす口」をもっています。するどいかまでえものをつかまえ、体液を吸います。

ミズカマキリはカメムシのなかまで、「さす口」をもっています。

カマキリはバッタに近いなかまで、「かむ口」をもっています。

その他の昆虫

クイズ 82 答え ❶ 水面に管を出して息をする

タイコウチは、おしりの先に細長いストローのような管（呼吸管）をもっています。この管を水面に出して息をします。たまごも幼虫も呼吸管をもっています。

← 呼吸管

タガメもタイコウチと同じ方法で呼吸をするんだよ

タイコウチ
- 体長：30〜38㎜
- 発生時期：4〜11月
- 分布：本州、四国、九州、沖縄
- 食べ物：水生昆虫や小さな魚などの体液

169

昆虫のクイズ図鑑

クイズ83 アワフキムシが、からだからあわを出すのはどうして？

アワフキムシの幼虫は、からだから「あわ」を出すことがありますが、何のためでしょう？

成虫

シロオビアワフキ
■体長：11〜12㎜ ■発生時期：7〜11月 ■分布：北海道〜九州

はらから液を出してあわをつくるよ

① あわの中に入って、身を守る
② あわでえものをつかまえる
③ つくったあわを食べて育つ

その他の昆虫

クイズ84 この中で、バッタがならないのは？

バッタは、チョウやカブトムシとはちがった成長のしかたをします。次の中で、バッタがならないものはどれでしょうか？

どんなふうに成長するのかな？

❶ たまご

❷ 幼虫

❸ さなぎ

チョウは「たまご→幼虫→さなぎ→成虫」の順に成長します。

昆虫のクイズ図鑑

クイズ83 答え ① あわの中に入って、身を守る

　アワフキムシの幼虫は、はらからねばりけのある液を出し、息をはいてあわをつくります。あわの中にからだをかくします。

あわのかたまりをつくって、この中に身をかくします。ほかの昆虫がこのあわの中に入ると、息ができなくなるといわれています。

どこにいるのかわからないね

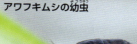

アワフキムシの幼虫

その他の昆虫

クイズ84 答え ③ さなぎ

バッタ、コオロギ、キリギリスなどのなかまにはさなぎの時期がなく、「たまご→幼虫→成虫」の順に成長します。このような成長のしかたを、不完全変態といいます。

幼虫

何回か脱皮をすると…

成虫

バッタのなかまは、幼虫と成虫のすがたが似ています。幼虫は4回脱皮して5齢幼虫になり、最後の脱皮で大きなはねをもつ成虫になります。

昆虫のクイズ図鑑

クイズ85 コオロギはどうやって鳴く?

コオロギのなかまは、成虫になるとおすがきれいな鳴き声でめすをさそいます。どのように鳴くのでしょうか?

コオロギが鳴くときは、こんなすがただよ

① 前ばねをこすりあわせて鳴く
② 口から声を出して鳴く
③ はらで呼吸したときの音で鳴く

その他の昆虫

クイズ86 スズムシの耳はどこにある?

秋が近づくと、鳴き声を聞くことができるスズムシ。スズムシの耳はどこにあるでしょうか?

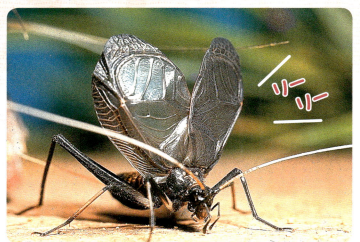

リーリー

❶ 前あし
❷ はねのうら
❸ はらの先

耳には、こまくのような「まく」があるんだって

175

昆虫のクイズ図鑑

クイズ85 答え
①前ばねを こすりあわせて鳴く

コオロギのような鳴く虫は、前ばねをこすりあわせることで音を出しています。

おすの前ばねには、やすりのようにぎざぎざした部分と、かたいすじのような部分があります。左右の前ばねを動かして、ここをこすりあわせて音を出します。

エンマコオロギの前ばね

ぎざぎざしたところがあります。

エンマコオロギは、前ばねを大きく立てて鳴きます。

その他の昆虫

クイズ86 答え ①前あし

スズムシの耳は、前あしの内側についています。こまくのようなまくがあり、なかまの鳴き方や鳴き声の方向を聞き分けます。

耳

鳴き声でめすをさそったり、なわばりあらそいをしたりするよ

スズムシ
- ■体長：16.5〜18.5mm
- ■発生時期：8月〜
- ■分布：北海道〜九州

177

昆虫のクイズ図鑑

クイズ87 コオロギのおすとめすのちがいは?

① めすだけがさなぎになる
② めすは、おしりに長いはりのようなものがある
③ 見た目ではわからない

おすもめすもそっくりにみえるけど…

クイズ88 バッタにあるものはどれ?

ショウリョウバッタ
■体長:(おす) 40〜50㎜ (めす) 75〜80㎜ ■発生時期:8〜11月 ■分布:本州、四国、九州、沖縄 ■食べ物:イネのなかまなど ■特徴:おすは飛ぶときにキチキチと音を出す

① まゆげ ② した ③ 耳

その他の昆虫

クイズ89 おすよりめすの方が大きいのはどれ？

昆虫の中には、おすとめすで大きさがちがうものもいます。次のうち、めすの方が大きいのはどれでしょうか？

❶ ミヤマクワガタ

❷ ヒゲナガオトシブミ

❸ オオカマキリ

昆虫のクイズ図鑑

クイズ87 答え

❷ めすは、おしりに長いはりのようなものがある

おす　めす

産卵管

コオロギのなかまは、めすのおしりに長い産卵管があります。そこでおすとめすを見分けることができます。

エンマコオロギ
■体長：29〜35㎜　■発生時期：8月〜　■分布：北海道〜九州　■鳴き声：コロコロコロリー

クイズ88 答え

❸ 耳

毛などで音を感じている昆虫は多くいますが、「耳」という器官をもつものはあまり多くありません。耳をもつのは、おもに鳴く虫です。

バッタの耳ははらにあります。ほかの昆虫も耳はあたまではなく、あしやむね、はらについています。

耳

バッタのはらを拡大したところ

その他の昆虫

クイズ89 答え ③オオカマキリ

オオカマキリやカマキリは、おすよりもめすの方が大きなからだをしています。

オオカマキリ
■体長：(おす)70mm(めす)90mm ■発生時期：8～11月 ■分布：北海道～九州、小笠原諸島 ■食べ物：小さな昆虫など ■特徴：林の中や草原などに多い

カマキリのなかまは、幼虫も成虫も肉食で、昆虫などの小動物を食べます。交尾をしているときにめすが、おすを食べてしまうことがあります。

昆虫のクイズ図鑑

クイズ90 カマキリのいかくのポーズはどれ？

カマキリは、敵におそわれそうになったとき、あるポーズをして相手をおどろかせます。どれでしょう？

❶ 前あしを上下に動かす

❷ 前あしやはねを広げて、からだを大きく見せる

❸ あしをのばして、枝のようになる

クイズ 91 何のたまご?

あわのようなかたまりの中に、ある昆虫のたまごが200こぐらい入っています。いったい何のたまごでしょうか?

たまごは秋から冬ごろ見かけるよ

① カメムシ
② アワフキムシ
③ カマキリ

昆虫のクイズ図鑑

クイズ90 答え
❷ 前あしやはねを広げて、からだを大きく見せる

カマキリは危険を感じると、はねを広げてからだを大きく見せ、敵をおどろかせます。ほかの昆虫や鳥やトカゲ、カエルなどの敵から身を守るための方法のひとつです。

からだを大きく見せて相手をおどろかせるオオカマキリ

その他の昆虫

クイズ91 答え ❸ カマキリ

カマキリは木の枝などにあわのかたまりをつくり、その中に200こぐらいのたまごを産みます。あわはかわくとスポンジのようになり、雨や雪、風、寒さからたまごを守ります。

たくさんのカマキリの幼虫が出てきているね！

たまごは秋から冬にかけて産みつけられます。春になるとたまごがふ化して、たくさんの幼虫がでてきます。写真のようにふ化したばかりのものを前幼虫といい、すぐに脱皮して初齢幼虫になります。

昆虫のクイズ図鑑

クイズ92 「生きている化石」といわれているのはどれ?

大昔も今と同じようなすがたでいたんだって

① アゲハチョウ
② ゴキブリ
③ マイマイカブリ

クイズ93 ゴキブリは昔、何とよばれていた?

① ごみかぶり
② ごきかぶり
③ ごきげんぶり

今と昔と、よび方がちがうんだね

その他の昆虫

クイズ94 カワゲラの幼虫はどこにすんでいる?

幼虫

トワダカワゲラ
■体長:(おす)約18〜25mm(めす)約23〜40mm ■発生時期:9〜10月
■分布:北海道、本州(北部)

① 水の中
② 土の中
③ 木の中

クイズ95 これは何?

① さまざまな昆虫のふん
② 世界一大きな昆虫のたまご
③ ある昆虫の巣

昆虫のクイズ図鑑

クイズ92 答え ❷ ゴキブリ

ゴキブリは、カマキリやシロアリに近いなかまで、原始的な昆虫です。いま生きているゴキブリは、石炭紀（3億年ぐらい前）の化石として見つかったゴキブリのなかまとすがたがあまり変わっていません。

クロゴキブリ
■体長：30mm ■分布：日本全土
■特徴：夜、台所で活動する害虫

クイズ93 答え ❷ ごきかぶり

あぶらむしともよばれていたよ

ゴキブリは、江戸時代には「ごきかぶり」とよばれていました。食器（御器）をかじる（かぶる）ことから、その名前がつけられました。しかし、明治時代になって、教科書に「ごきぶり」とまちがって記され、それが広がりました。

その他の昆虫

❶ 水の中

カワゲラの幼虫は水の中でくらします。そして、水の中にすむ昆虫や落ち葉、藻などを食べます。成虫には4まいのはねがありますが、飛ぶ力が弱いため、水辺の木によくとまっています。

❸ ある昆虫の巣

これはシロアリの巣です。オーストラリア北部の平原にすむテングシロアリの巣には、高さ5mになるようなものがあります。熱帯地方には、大きな巣をつくったり、キノコを育てたりなどさまざまな生活をするシロアリがすんでいます。

昆虫のクイズ図鑑

クイズ96 次のうち、昆虫はどれ?

❶〜❸のなかには、昆虫に似ているけれど、昆虫ではない生き物がいます。昆虫はひとつだけです。どれが昆虫でしょうか？

カブトムシ

昆虫にはどんな特徴があったかな？

これまで見てきた昆虫を思い出してみよう！

昆虫のクイズ図鑑

クイズ96 答え ❷ 昆虫は、ゴミムシ

ゴミムシは昆虫です。クモのなかまやムカデのなかま、ダンゴムシのなかまは昆虫ではありません。

昆虫のからだ

あしは6本あり、すべてむねからはえています。

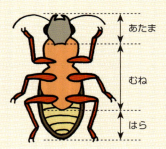

昆虫ではないダンゴムシのからだ

ダンゴムシはエビやカニに近い動物です。あしは14本あり、敵からおそわれると丸くなって身を守ります。

触角
あしは14本

昆虫はからだが3つに分かれているよ

敵からおそわれると…

落ち葉やコケなどを食べます。残りかすとして出したふんは土になります。

体を丸めてボールのようになります。

192

昆虫以外の虫

昆虫ではないクモのからだ

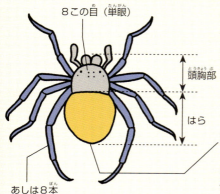

クモにはあしが8本あります。からだは、あたまとむねがひとつになった頭胸部とはらの2つに分かれています。

- 8この目（単眼）
- 頭胸部
- はら
- 糸いぼ　あみを張ったり、えものをとらえたりするのに使う糸を出します。
- あしは8本　すべて頭胸部からはえています。

クモの巣

おしりから出した糸で巣をつくるよ

昆虫のクイズ図鑑

クイズ 97 このクモは、どうやってえものをつかまえる？

1. あみでつかまえる
2. 糸をふりまわす
3. 死んだふりをする

クイズ 98 このクモの得意わざは？

1. 光る
2. 火をふく
3. 空を飛ぶ

ワカバグモ
- ■体長：8〜12mm ■発生時期：4〜10月 ■分布：北海道〜九州 ■特徴：葉の上でえものを待つ

昆虫以外の虫

クイズ99 ダンゴムシの赤ちゃんは何色？

1. 灰色
2. 白色
3. 緑色

成長したダンゴムシ

クイズ100 ムカデを漢字で書くと？

あしが たくさん あるね

1. 百足
2. 千足
3. 万足

昆虫のクイズ図鑑

クイズ97 答え ❷ 糸をふりまわす

　このクモは、アメリカではナゲナワグモとよばれています。あしの先から、ねばねばした球がついた糸をたらし、それをふりまわしてえものをとらえます。ねばねばした球には、ガのおすをひきつける物質がふくまれています。

クイズ98 答え ❸ 空を飛ぶ

　ワカバグモの子どもは、空を飛ぶことができます。草や木の先の方で細い糸を出し、風にのって空中へ飛ばされていきます。こうすることで、いろいろなところに広がっていきます。

昆虫以外の虫

クイズ99 答え ❷ 白色

生まれたばかりのダンゴムシは、白色をしています。脱皮をくりかえして成長していくと、色がどんどんこくなっていきます。

クイズ100 答え ❶ 百足

ムカデは漢字で「百足」と書きます。百足はもともと中国語の書き方です。ちなみに英語のムカデは、ラテン語の「百本の足」という意味の言葉が由来だといわれています。

ムカデは、ひとつの体節に2本のあしがありますが、あしの数はぴったり100本というわけではありません。

■監修
東京農業大学教授　　　岡島秀治

■写真
Antroom
伊藤ふくお
今森光彦
　／ネイチャー
　　・プロダクション
岡島秀治
加藤義臣
岸田泰則
工藤誠也
久保秀一
谷角素彦
Tobias
Kowatsch
– Fotolia.com
ネイチャー
・プロダクション
ピクスタ
吉岡史雄

■イラスト・図版
いずもり・よう
今井桂三
川下隆
小堀文彦
さかもと　すみよ
中西章
吉見礼司

■校正
タクトシステム

■装丁・デザイン
神戸道枝

■レイアウト
神戸道枝
友田和子

■編集
赤澤美帆
吉田優子
里中正紀
西川 寛

2014年 6月 4日 第1刷発行
2019年 6月18日 新装版 第1刷発行

発行人	土屋　徹
編集人	芳賀靖彦
発行所	株式会社　学研プラス 〒141-8415 東京都品川区西五反田2-11-8
印刷所	共同印刷株式会社

© Gakken

本書の無断転載、複製、複写（コピー）、翻訳を禁じます。
本書を代行業者等の第三者に依頼してスキャンやデジタル化することは、たとえ個人や家庭内の利用であっても、著作権法上、認められておりません。

複写（コピー）をご希望の場合は、下記までご連絡ください。
●日本複製権センター
　https://jrrc.or.jp/
　E-mail：jrrc_info@jrrc.or.jp
㊑〈日本複製権センター委託出版物〉

■この本に関するお問い合わせ先
●本の内容については
　Tel：03-6431-1283（編集部直通）
●在庫については
　Tel：03-6431-1197（販売部直通）
●不良品（乱丁、落丁）については
　Tel：0570-000577
　学研業務センター
　〒354-0045
　埼玉県入間郡三芳町上富279-1
●上記以外のお問い合わせは
　Tel：03-6431-1002
　（学研お客様センター）

■学研の書籍・雑誌についての新刊情報・詳細情報は、下記をご覧ください。
　学研出版サイト
　https://hon.gakken.jp/

お客様へ
＊表紙の角が一部とがっていますので、お取り扱いには十分ご注意ください。